24 堂

—— Kristen 著

干燥花创意课

干花花艺设计与制作

化学工业出版社

·北京·

綠色穀倉・最多人想學的24堂乾燥花設計課　Kristen著

ISBN 978-986-95855-8-3

本书中文简体字版由雅书堂文化事业有限公司授权化学工业出版社独家出版发行。

本版本仅限在中国内地（不包括中国台湾地区和香港、澳门特别行政区）销售，不得销往中国以外的其他地区。未经许可，不得以任何方式复制或抄袭本书的任何部分，违者必究。

北京市版权局著作权合同登记号：01-2018-8816

图书在版编目（CIP）数据

24堂干燥花创意课：干花花艺设计与制作 /
Kristen著. -- 北京：化学工业出版社，2019.8

ISBN 978-7-122-34616-2

Ⅰ.①2… Ⅱ.①K… Ⅲ.①干燥-花卉-制作 Ⅳ.
①TS938.99②J525.1

中国版本图书馆CIP数据核字（2019）第111305号

责任编辑：林　俐　　刘晓婷　　　　　　　　　　　　　　　　　　　　　　　　装帧设计：王江

责任校对：王　静

出版发行：化学工业出版社（北京市东城区青年湖南街13号　邮政编码100011）

印　　装：北京东方宝隆印刷有限公司

787mm×1092mm　　1/16　　印张　8½　　字数　200千字　　2019年10月北京第1版第1次印刷

购书咨询：010-64518888　　售后服务：010-64518899

网　　址：http://www.cip.com.cn

凡购买本书，如有缺损质量问题，本社销售中心负责调换。

定　　价：68.00元　　　　　　　　　　　　　　　　　　　　　　　　　版权所有　违者必究

记得数年前的春天，在日本花店见到好多让人为之惊艳的干燥花材，各式玫瑰、牡丹、郁金香及可爱但不知名的小野花。回到台湾，也试了同样的花材，却没有得到相同结果，一样是天然风干，干燥效果却不尽相同。

思索了一下，除了种植环境与品种不同之外，最大的因素还是气候形态上的差异，那么，就营造出和日本相当的环境吧！果真，那些大部分人误以为无法干燥的素材与植物，在低湿度的环境下，一个个竟然可以凝结成美丽的姿态。然而，美容易感染，却不见得容易运用。

"好美呀！但要怎么用呢？"这是学生最常提出的问题。而我因此于日常反复思索着：如何在看似直硬的线条里，找出柔美的曲线？如何在卷曲过度的形态中，看到优美的舒展姿态？如何在看似零乱繁杂里，探得自然的律动美？

花点时间仔细观察是相当重要的，也是我一直以来在课堂上引导学生的重点。从样貌、特性到姿态细细品味，再从不同角度欣赏，进一步试着将其最美的那一面显现出来。

在干燥花艺设计这条路上，我每年都给自己一些功课，试着从多方面摄取知识与技巧，以积蓄能量不断地继续前行。从花材运用、配色、形态与插作技巧上，试着多元地搭配与尝试，不停歇地探询更多的可能。期许的是，即便是设计商业性、流行性的作品，在抢眼的视觉效果下，也能同时有着细致、内敛、耐看且富有气质的底蕴。

Kristen

这两年因为开设系列课程，能规划安排单堂体验课的机会少了许多，我不断陆续收到私信，也一直收到各种课程的"许愿单"，因时间的关系无法为大家一一实现，因此整理了询问度最高、最多人好奇且有兴趣的 24 个作品。从花礼、花束、瓶花至居家装饰，每一个作品都有详细的步骤与制作重点，对于特别的花材，也会予以解说，让大家能够照着书中的步骤，在家试着动手制作，与我一同投入干燥花美丽而广阔的世界中。

花材：染色菊花
干燥方式：除湿机干燥

水分收干，
颜色更加浓烈，
也强化了视觉的力度。

花材：玫瑰
种类：永生花

复古色系的永生花玫瑰，
沉静典雅，
为干燥花艺作品，
带来更多的古典气质。

花材：斑克木叶
干燥方式：自然风干

叶的姿态丰富多变，
留心观察，
会有更多意外的收获。

花材：红蓼
干燥方式：机器干燥

这来自野地的花，
一身紫红，
优雅迷人。

花材：进口鸡冠花
干燥方式：自然风干

粉色的鸡冠花，
干燥后色彩依旧，
是预料外的惊喜！

花材：绣球
干燥方式：自然风干

浅绿带粉的绣球，
是每年春天的小确幸。

花材：乒乓菊
干燥方式：硅胶干燥

干燥后的乒乓菊，
有一种细腻沉静的美丽。

花材：马蹄莲
干燥方式：硅胶干燥

清晰锐利的花缘，
呈现一种个性美，
独特又迷人。

花材：郁金香
干燥方式：除湿机干燥

纤细的纹路，
微微闪着亮光，
这好似丝绒般的质感，
让人万分惊艳。

目录

Contents

自序

轻松练习
第一章　干燥花艺基本功

1　干燥花的制作方法 　　　　　　　　　　002
天然干燥法 /002　　硅胶干燥法 /003　　保存 /005

2　工具 　　　　　　　　　　　　　　　006

3　材料 　　　　　　　　　　　　　　　007

4　基本技法 　　　　　　　　　　　　　008
花环基底 /008　　制作挂环 /009　　制作花泥基底 /009

5　花材加工 　　　　　　　　　　　　　010

6　叶材加工 　　　　　　　　　　　　　013
造型 1/014　　造型 2/014

7　制作铁丝网架构 　　　　　　　　　　015

8　干花花束的包装 　　　　　　　　　　016
长形花束包装 /016　　小花束包装 /018

直立花束包装 /020　　圆形花束包装 /022

第二章　送给特别的他&她

1	花草香氛蜡花礼	026
2	时尚花盒插花	030
3	南瓜花礼	034
4	清新淡蓝花束	038
5	向日葵小花束	042
6	斑克木花束	046
7	架构式玫瑰花束	050

第三章　邀请自然到我家

8	矮脚浅盘设计	056
9	烛台桌花	060
10	冠军杯插花	064
11	烛台花饰	068
12	高花器设计	072
13	高脚烛杯设计	076
14	无花器桌花设计	080

挂起来吧！
第四章　让墙面多一种可能

15	金合欢花环	086
16	绿意小花环	090
17	古典花环	094
18	春天倒挂花束	098
19	吊饰花环	102
20	水平挂饰	106

第五章　冬日的绿色森林

21	诺贝松森林圣诞花环	112
22	诺贝松倒挂花束灯饰	116
23	温馨圣诞烛台	120
24	圣诞手绑花束	124

第一章

轻松练习
干燥花艺基本功
Basic Techniques

1. 干燥花的制作方法

■ 天然干燥法

天然风干是最自然简单、便捷且环保的一种花材保存方式，也是较常使用的干燥法，只要依循几个简单的原则，并注意干燥的环境，便可以制作出理想的干燥花材。

1/ 选购新鲜的花材进行干燥，可让花形、颜色尽可能呈现最美的状态，不新鲜的花材干燥后，除了颜色可能会较为暗沉之外，部分花材还会产生褐斑，影响美观。

2/ 将花材腐烂、不健康的部分摘掉，并将多余的枝叶去除，过长的花茎也要一并剪除，以尽量缩短干燥时间。

3/ 花材表面的水分太多时，可先用风扇将表面水分吹干再进行干燥，效果会更佳。

4/ 将花材分成小束扎绑，以免过多的花材挤压在一起，过于闷湿而发霉。

5/ 因花材会随着水分散失而干缩，建议用橡皮筋捆绑，可避免干缩时掉落。

6/ 悬挂至通风处进行干燥。风干环境需要选择干爽且通风良好之处，避免阳光直射、阴暗潮湿的地方。

> ◤ POINT
>
> 每种花材所需的风干时间不尽相同，环境与气候状况不同也会有所差异，但基本上大致 2~4 周可完全干燥，部分花材如大型菊花，则可能需要 1~2 个月的干燥时间。基本上干燥的时间越短，干燥效果越好，花色保存得也就越理想。为了尽可能保留原有的色彩，可在密闭的小空间里，如楼梯阁楼、衣柜或小隔间里，将除湿机湿度设定在 40% 以下，降低并控制环境湿度，基本能有非常理想的干燥效果。

◼ 硅胶干燥法

　　并非所有的花材利用自然风干的干燥法，都能有理想的效果。一般来说含水量较多的花材，如马蹄莲、桔梗等，采用自然风干法容易萎缩变形且颜色变化也较大，此时可以将花埋入干燥剂中，让干燥剂吸收花材的湿气，加速其干燥，会有更佳的干燥效果。一般市售的干燥剂直径大多为0.3~0.5mm，尺寸稍大，无法填入花朵细缝且容易造成压痕，可选购花艺专用的0.1~0.2mm干燥砂或极细干燥砂使用。

单朵花材

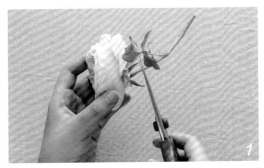

1／ 将玫瑰的花头剪下，仅保留需要的茎段长度。

2／ 在密封盒中倒入一层与花茎长度相当深度的干燥砂，花朵以面朝上的方式垂直插入。每一朵花之间，要稍微保留一点空隙，以避免花朵受到挤压而变形。

3／ 在花瓣的缝隙间一层一层仔细地撒上干燥砂，继续倒入干燥砂直到花朵完全覆盖，密封后建议在盒上标明日期以帮助记忆。

长茎或枝状花材

1 / 在密封盒中倒入一层干燥砂，将欲干燥的花材，平放在干燥砂上。

2 / 均匀地撒上干燥砂，将花材完全覆盖住。因重力会让花材受压而扁平，埋砂的厚度适量即可。

> ▶ POINT
>
> ① 干燥时间会依花朵的含水量与干燥砂的使用量而有所不同，平均大概 5~20 天可干燥完全。
>
> ② 若要将不同种类的花朵一起干燥，建议挑选花朵尺寸或花瓣薄厚接近的一起制作，干燥的时间可较为一致。
>
> ③ 水分脱干后，花材会变得相当易碎，取出时要十分小心。先将密封盒斜放，轻轻倒出部分干燥砂，再将手伸入干燥砂中握住花茎，以倒拉的方式慢慢将花材抽取出来。
>
> ④ 花朵取出后，仍会粘黏少许的干燥砂，可将花朵静置一段时间，让其稍微回潮后，再轻甩或使用小笔刷将细砂清除。
>
> ⑤ 使用此种方法干燥的花材，大多可以将鲜明的色泽保存下来，但缺点是受潮后容易软塌且褪色，最好尽量在干燥的环境下保存。

■ 保存

　　干燥花是未经过化学漂白或染色的天然花材，干燥后还是会随着时间与存放的环境而慢慢变化，应避免置于阳光直射或阴暗潮湿处，并尽量保存在干爽通风的环境中，或加开除湿机控制湿度，可减缓变色的时间。

　　花材种类与存放环境的不同，其使用寿命也相异，一般来说，可以放置半年至两年不等的时间。花材上若有灰尘堆积，可轻拍抖落或使用小刷子轻轻刷除，如果不幸发现有发霉的现象，可使用酒精轻轻擦拭除霉。若作品局部的花材发霉过于严重，建议将该花材移除置换，以免影响其他花材。

2. 工具

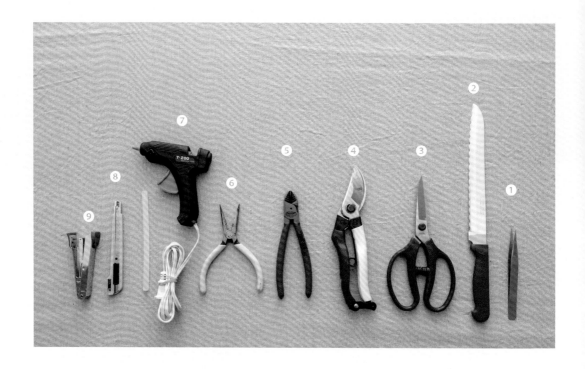

❶ **尖头镊子：** 用来处理细部作业时使用，一般尖头或圆尖头的镊子较为顺手。

❷ **花泥刀：** 用来切割花泥时使用，亦可使用一般的厨用长切刀替代。

❸ **花剪：** 花艺设计专用剪刀，无论是纤细的花材或较粗的枝干，都能轻松修剪。

❹ **园艺剪：** 修剪粗硬的木质化枝叶时使用，切口平整且好施力。

❺ **斜口剪：** 剪断粗一点的铁丝时使用。

❻ **尖嘴钳：** 弯折较粗的铁丝时使用，轻松又省力。

❼ **热熔胶枪：** 用来将花材固定在底座或花泥上，有黏着力强且凝固迅速的特点。

❽ **美工刀：** 裁切包装纸材时使用，使用一般文书用的小刀即可。

❾ **订书机：** 固定叶材时使用。挑选造型简单轻巧的订书机，比较好操作。

3. 材料

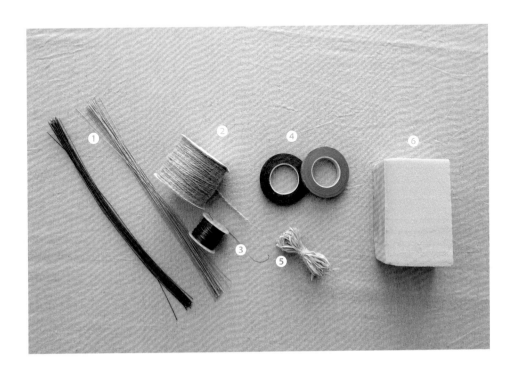

① **铁丝**：花材加工或扎绑固定时使用，由粗至细有各种号数，号数越小代表铁丝越粗。

② **麻线**：用来制作花环挂环或捆绑花茎使用，同时亦有装饰效果，市售有不同粗细可供选择。

③ **铜线**：用来捆绑固定枝茎时使用，有许多粗细尺寸与颜色可供选择。

④ **花艺胶带**：将花材束在一起，或将铁丝包覆时使用，有各种颜色可供选择。

⑤ **拉菲草**：柔韧不易断裂，常运用在捆绑花束，或制作蝴蝶结时使用，装饰效果极佳。

⑥ **花泥**：为固定花材的基座，分鲜花花泥与干花花泥两种，依需求选择使用。

4. 基本技法

■ 花环基底

　　制作干燥花环的基底，一般是使用树藤或葡萄藤两种材料。在园艺资材行可以买到已干燥且缠成圆形的葡萄藤，可直接拿来使用，亦可拆解开来重新绕圈，制作符合需求的尺寸。树藤则是要在花市买新鲜的藤枝回来加工，但因干燥后会变硬，弯折时容易断裂，所以要趁枝条还新鲜柔软时就塑形。

葡萄藤

1／ 将藤枝弯成需要的大小后交叉重叠缠绕，确定藤圈的内径，完成后的尺寸会再大些。

2／ 手指压住交叉点，两侧突出的藤枝绕着圈缠绕。

3／ 继续加入藤枝，一端插入藤圈的缝隙，另一端沿着底圈缠绕，重复加入藤枝，直到到达想
　　要的宽度为止，最后将尾端塞入藤枝间的缝隙固定即完成。

树藤

1／ 将树藤慢慢弯出弧度，不要过度用力以免断裂，再将树藤弯成所需大小后交叉重叠。

2／ 按压住交叉点，将两侧突出的藤枝绕着圈缠绕。

3／ 取第二条树藤，一端插入藤枝间的缝隙，另一端沿着第一圈的底座缠绕。

4／ 重复上述动作，直到达到期望的宽度，最后将尾端塞入藤圈缝隙固定即完成。

■ 制作挂环

制作花环、倒挂花束或任何壁饰时，需要有挂环才能将作品悬挂于壁上。一般挂环可以使用麻线、缎带或铁丝等材料制作，以下以铁丝制作挂环为例进行示范。

1 / 取一根 28# 或 30# 铁丝，将花茎紧紧缠绕两圈后，将两条铁丝扭转缠绕数回。

2 / 视需求预留需要的长度后，再将铁丝扭转缠绕数回。

3 / 将多余的铁丝剪除后，把凸出的铁丝往回收好即完成。

■ 制作花泥基底

1 / 裁切花泥至合适尺寸，置于花器内或塞入花器中。

2 / 顺着花泥四边将侧边切除，以防边角在插作时变形或崩坏。

3 / 有时可依需要，再将四个边角切除。

4 / 完成一个多面体，让花材能多面向地插入。

5. 花材加工

部分干燥后的花材，因水分的散失，花茎会变得较为纤细柔软不够坚实，还有些没有花茎或花茎较短的花材，如棉花、绣球等，都可以利用铁丝或自然茎增加其长度与硬度，方便后续运用。

绣球（用铁丝延长花茎）

1/ 依需求挑选粗细合适的铁丝，穿过绣球分枝的花茎中央。

2/ 将铁丝向下弯折，缠绕两圈后，贴合花茎后顺直。

3/ 由分枝点的上方，用花艺胶带由上往下以螺旋状方式，将铁丝与花茎整个包覆住。

玫瑰（用铁丝延长花茎）

1/ 将花茎斜剪，以便后续衔接铁丝时交接处可以较为平顺。

2/ 依需求挑选合适粗细的铁丝，与枝茎对齐放在一起。

3/ 用花艺胶带由上往下以螺旋状方式，将铁丝与花茎整个包覆住。

松果（用铁丝制作花茎）

1/　取一根 22# 铁丝，水平绕过松果尾端处。

2/　将铁丝绕过松果约半圈后，往底部的中央处扭转缠绕至尾端。

3/　若需要接上自然茎时，可将铁丝剪短，再将自然茎与铁丝对齐，两者相贴的部分，用花艺胶带包裹，完成！

橙片（用铁丝制作花茎）

1/　取一根 22# 铁丝，穿过橙片。

2/　将铁丝下折，扭转缠绕至尾端即完成。

棉花 (用自然茎延长花茎)

1／ 将花茎斜剪，以便后续衔接自然茎时交接处可以较为平顺。

2／ 将自然茎切口斜剪，棉花与自然茎的斜面切口背靠背放直。

3／ 用花艺胶带由上往下以螺旋状方式，将棉花与自然茎的交接处包覆住。

马蹄莲 (用铁丝加自然茎延长花茎)

有时候要以自然茎呈现，同时又需要对花材做塑形时，就要先接铁丝，再接自然茎。

1／ 依需求挑选粗细合适的铁丝，与马蹄莲花茎对齐。

2／ 用花艺胶带由上往下以螺旋状方式，包裹铁丝与花茎，包裹至花茎长度即可。

3／ 预留一段要塑形的长度后，将自然茎与下方的铁丝对齐。

4／ 铁丝与自然茎相贴的部分，以花艺胶带包裹，完成！

6. 叶材加工

擅用各种叶材，能让作品展现更多层次的变化，但有时需要事前做一些局部的处理与加工，以便后续运用。除了直接取叶材使用之外，还可以运用不同的技巧，改变原本叶材的造型与姿态，以进行更多不同的运用。

为了便于插入花泥固定，或制作小束扎绑时抓握方便，需要将叶子做适当的处理，以利后续操作，以芒萁或高山羊齿这类的叶材来说，可剥除下方多余的复叶，让操作更加便利。

叶片若过长，可剪除部分叶尾，保留优美叶尖；无叶柄的叶子，亦可适当修剪，让后续使用更加方便。

长度过长（以柠檬桉为例）

将过长的叶子叶尾剪除。

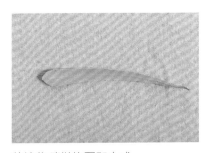

将边缘稍微修圆即完成。

制作叶柄（以柠檬桉为例）

沿着叶子叶脉的两侧修剪至想要的长度后，再将多余的叶片剪除，并将叶缘修成弧形即可。

制作叶柄（以斑克木叶为例）

沿着叶子叶脉的两侧修剪至想要的长度后，再将多余的叶片剪除即可。

■ 造型 1

1 / 剪除一叶兰的叶尾部分。

2 / 再沿着叶脉由尾部往尖端，以手指一条条撕开。

3 / 叶面朝外，卷绕一个圈后，用订书机固定。

4 / 制作 5~6 个后，再扎绑束紧成一小束。

■ 造型 2

1 / 将一叶兰由尖端朝尾部，撕成两半，但不要撕断。

2 / 单边先打一个结。

3 / 将尾部多出的叶材反折至后方，以订书机固定。

4 / 另一边也同样制作一个结饰后，即完成一枝的加工。

7. 制作铁丝网架构

　　使用架构扎绑花束时，花与花之间比较不容易受到挤压，即便没有使用太多的叶材或缓冲材，也能让花束自然地扩展开来，呈现较佳的空间感。

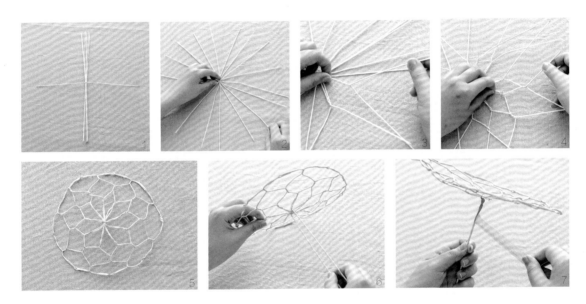

材料 materials	☐ 20# 铁丝 9 根 ☐ 18# 铁丝 1 根

1／　取 9 根 20# 铁丝，其中 1 根铁丝在中间处束紧其余铁丝。

2／　按住中心点，将每根铁丝平均拉开。

3／　将相邻的两根铁丝，两股交叉扭转两回固定。

4／　编完第一层之后，再将第二层也两股交叉扭转两回固定。

5／　接着，将相邻的两股铁丝两两拧紧固定，完成一个完整的圆。

6／　取 1 根 18# 铁丝，穿过铁丝网架中心，再扭转束紧做成手把支架。

7／　最后用花艺胶带由上往下以螺旋状方式缠绕包裹手把支架的铁丝，完成！

8. 干花花束的包装

■ 长形花束包装

材料 materials

☐ 长方形透明雾面磨砂纸（原尺寸裁成 1/2 大小），1 张
☐ 方形透明雾面磨砂纸（原尺寸裁成 1/4 大小），1 张
☐ 长方形纱网（约 1/2 包装纸的尺寸），1 片
☐ 拉菲草，适量
☐ 包装吊卡，1 张

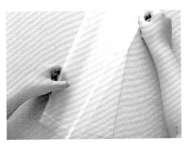

1/ 将长方形包装纸直放，左右折叠，并刻意将四个边角错开。

2/ 将花束放在折叠好的包装纸中央，手握处左右两侧的包装纸往中间聚拢束紧，以拉菲草扎绑固定。

3/ 将方形包装纸左右折叠，刻意将四个边角错开。

4/ 将步骤 3 制作的包装纸放在花束的左前侧，在手握处聚拢束紧，以拉菲草扎绑固定。

5/ 将纱网横向向上对折，但不刻意对齐，再由正面朝后方将花束包覆住。

6/ 最后绑上拉菲草，并加上包装吊卡作装饰，完成！

■ 小花束包装

材料 materials

☐ 长方形透明雾面磨砂纸（原尺寸裁成 1/2 大小），1 张

☐ 方形灰色雾面磨砂纸（原尺寸裁成 1/4 大小），1 张

☐ 方形直纹包装纸（原尺寸裁成 1/4 大小），1 张

☐ 缎带，适量

1 / 将长方形包装纸直放，左右折叠，并刻意将四个边角错开。

2 / 将花束放在折叠好的包装纸中央，手握处左右两侧的包装纸往中间聚拢束紧，以拉菲草扎绑固定。

3 / 将方形灰色包装纸左右折叠，刻意将四个边角错开。

4 / 将步骤 3 制作的包装纸放在花束的左前侧，在手握处聚拢束紧，以拉菲草扎绑固定。

5 / 方形直纹包装纸由正面朝后方将花束包覆住，以拉菲草扎绑固定。

6 / 最后打上蝴蝶结作装饰即完成。

■ 直立花束包装

材料
materials

☐ 长方形透明雾面磨砂纸（原尺寸裁成 1/2 大小），1 张
☐ 长方形米色雾面磨砂纸（原尺寸裁成 1/2 大小），1 张
☐ 方形透明雾面磨砂纸（原尺寸裁成 1/4 大小），1 张
☐ 方形米色雾面磨砂纸（原尺寸裁成 1/4 大小），1 张
☐ 缎带，适量

1 / 分别将两张长方形包装纸左右折叠，并刻意将四个边角错开。接着将米色与透明包装纸
微微错开高低，一左一右部分相叠放置。

2 / 将花束放在步骤 1 制作的包装纸的上方 2/3 处，再将多出来的 1/3 纸材往上折。

3 / 将正前方的包装纸往中央束紧，再将两侧的纸材往手握处聚拢，以拉菲草扎绑固定。

4 / 将方形透明包装纸往右侧折叠，放在花束的左侧，并往手握处聚拢。

5 / 将方形米色包装纸往左侧折叠，放在花束的右侧，并往手握处聚拢束紧后，以拉菲草
扎绑固定。

6 / 最后打上蝴蝶结作装饰即完成。

■ 圆形花束包装

材料 materials

☐ 方形透明雾面磨砂纸（原尺寸裁成 1/4 大小），3 张

☐ 薄棉纸（原尺寸裁成 3/4 大小），1 张

☐ 方形薄棉纸，1 张

☐ 拉菲草，适量

1/ 分别将三张方形透明包装纸左右折叠后，部分相叠呈扇形状，再将花束放在中央。

2/ 包装纸将花束包覆起来，并以铁丝或拉菲草扎绑固定。

3/ 将方形薄棉纸不规则对折后，再以折扇子的方式，一正一反折叠，重复至整张纸折叠完成。

4/ 将步骤 3 制作的包装纸中央抓紧后，上下两端分别展开，让其呈现蝴蝶状，备用。

5/ 将薄棉纸不规则对折后，由花束后方朝前方完全包覆住花束。

6/ 将步骤 4 做好的棉纸，往手握处靠拢，最后绑上拉菲草束紧即完成。

第二章

送给特别的他 & 她

Holiday Flowers

1

花草香氛蜡花礼

配色

materials
花　材

绣球（2种）适量

通草花 3朵

迷你通草花 3朵

迷你玫瑰 2朵

飞燕草 5朵

满天星 适量

葛郁金 3片

虞美人果实 5枝

苔枝 适量

黑色西卡纸 适量

花草香氛蜡 1个

方盒 1个

s t e p
步　骤

1.方盒内塞入花泥，剪一直径较花草香氛蜡大一些的黑卡圆纸固定在中央。同时构思苔枝、葛郁金与通草花的配置，并一一固定至花泥上。

2.将绣球分枝剪下，用花艺胶带扎成小束后，填补大部分空间，并预留其他花材位置。

3. 在需要白色的地方，加入迷你通草花、满天星与浅色绣球。

4. 接着加入浅蓝色的飞燕草与迷你红玫瑰，增添更多的色彩，再继续加入更多的绣球，将花泥完全遮盖。

5. 加入少量的虞美人果实，为整体色系增加对比色彩。

6. 花草香氛蜡加上包装，放入方盒内即完成。

---

p o i n t
制作重点

1 / 所有花材并非平齐，要有稍微的高低层次，但要注意高度，以免盖子无法完全合上。

2 / 绣球的作用是填补空间与丰富整体色彩，所以尽量压低高度，仅少部分突出于花面。

3 / 每一小束绣球的用量，仅需少量分枝即可，以呈现自然蓬松状，若取过多分枝扎成束，视觉上会感觉过于拥挤。

4 / 整体颜色的配置与比重要取得平衡，建议以"一次处理一种花材"为原则，并仔细地构思该花材与颜色的整体配置。

时尚花盒插花 2

配色

干燥花组合花

（花商称为松玫瑰）2 朵

通草花 2 朵

马蹄莲 2 枝

菊花 3 朵

长春花 3 枝

旱雪莲 1 朵

玫瑰 7 枝

迷你玫瑰 适量

日本茵芋 3 枝

狗尾草 5 枝

满天星 适量

大星芹 3 枝

'火焰阳光'木百合 5 枝

高山羊齿 2 片

银叶茶树 适量

奇哥苔木 适量

墨西哥羽毛草 适量

驯鹿苔 适量

蝴蝶结饰

step
步　　骤

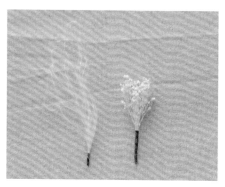

1. 取适量墨西哥羽毛草与满天星，用花艺胶带缠绕束紧，各制作约 3~5 小束备用。

2. 圆桶花盒内塞入花泥，花泥要高出花盒约 2cm，并将四边切除。先构思好苔木的位置，并用热熔胶牢牢固定住。

3. 先确定焦点花松玫瑰的位置，再构思马蹄莲与菊花的配置。马蹄莲若长度或硬度不够，可事先以铁丝加长或加强花茎（做法参考第 12 页）。

4. 局部一侧加入长枝的银叶茶树，再将高山羊齿以有疏有密的方式固定在花泥上，制作出优美的延伸线条。

5. 继续加入白色通草花与红玫瑰、迷你玫瑰，利用颜色与疏密的分布达到视觉平衡。

6. 以满天星或'火焰阳光'木百合压低处理，遮盖部分花泥。加入长春花、旱雪莲，为整体添加更多白色，再用大星芹与日本茵芋，做出更多自然的曲线。

7. 补充适量的高山羊齿，添加狗尾草与墨西哥羽毛草，让作品有更多活泼的线条。

8. 花泥露出处补上驯鹿苔，最后将缎带装饰固定在盒口即完成。

point
制作重点

1 / 开始插作之前，先仔细欣赏奇哥苔木的线条与造型，再构思其最佳的位置，为整体作品线条的走向定调。

2 / 插入花材时，除了线条的平衡之外，也要注意颜色的比重与平衡。

3 / 此花礼虽然是以单面欣赏为主，但要避免花材由前至后逐次增高，而是前后都要有高低错落，整体的层次才会活泼、不呆板。

4 / 要让干燥后的日本茵芋呈现美丽的曲线，可先瓶插干燥，让其自然弯垂约一两天后，再进行倒挂。若持续以瓶插干燥，可能会变形得较为扭曲。

3

南瓜花礼

配　色

materials
花　材

干燥花组合花

（花商称松玫瑰）2 朵

小蓟花　7 枝

虞美人果实　9 枝

石斑木　适量

维多梅　适量

千日红　适量

小米　9 枝

墨西哥羽毛草　适量

芒萁　适量

尤加利叶（2 种）　适量

橙片　2 片

橡实　1 串

保利龙南瓜　1 个

step
步　骤

1. 将小说书页撕成不规则的小片，再以蝶古巴特胶将小说书页贴满整个保利龙南瓜，待干备用。

2. 将维多梅、石斑木与墨西哥羽毛草，用花艺胶带捆绑束紧，再将两片橙片用铁丝加工好备用（做法参考第 11 页）。

3. 南瓜内塞入花泥，高度约花器内九分满。盖子中央固定一枝树枝后，斜插入花泥固定。

4. 将尤加利叶与芒萁填满整个花器，但叶材与叶材间仍需保留足够空隙，以便安插后续的花材，另将盖子粘上橡实串作为装饰。

5. 加入 2 朵松玫瑰作为视觉焦点，再插入石斑木与橙片。

6. 接着继续加入维多梅、千日红、虞美人果实与小蓟花，一边插入花材，一边做出高低层次，视需要添补尤加利叶或芒萁。

7. 最后加入小米与墨西哥羽毛草作装饰即完成。

point
制作重点

1 / 加工好的保利龙南瓜，要待胶水全干再塞入花泥，以免粘黏花泥的粉屑。

2 / 所有花材都要用热熔胶固定，尤其是越容易插入的花材，也越容易因碰触而松脱。

3 / 芒萁的叶子正反两侧都可以使用，除了观察其线条走向之外，有时也需要浅白的叶背，为整体增加色彩的对比。

4

清新淡蓝花束

配 色

materials
花　材

干燥花组合花
（花商称为松玫瑰）3朵
通草花　3朵
小蓟花　8~10枝
飞燕草　5枝
千日红　适量
情人草　适量
满天星　适量
银叶菊　1把
小米　10枝
尤加利叶（2种）　适量
芒萁　适量
椰叶　1枝
拉菲草　适量

step
步　骤

1. 将所有花材一枝一枝地整理好，去除多余的叶材，并视长度需求接上自然茎（做法参考第12页）备用。

2. 取尤加利叶、情人草，与一枝松玫瑰，以螺旋的方式扎成束，制作花束的中心。

3. 继续加入松玫瑰与通草花，同时视需要添加尤加利叶、情人草、银叶菊或满天星，制作圆形花束的中央部分。

4. 一边转动花束，一边均匀地逐一添加其他花材，并在各花材间添补适量的叶材作为缓冲，同时做出高低差层次。

5. 在花束的外围补上一圈情人草与尤加利叶，再以椰叶与芒萁做最后修饰，让花束的整体外形呈现自然开散状。

6. 手握处以铁丝扎绑固定后，再加上拉菲草装饰即完成。

—— p o i n t ——
制作重点

1 / 情人草作为花材与花材间的缓冲，用量要控制得宜，高度也不宜过高，以免显得太过杂乱。

2 / 一边添加花材，一边做出自然的高低层次，但要注意视觉的平衡，避免某一侧有过高的线条而失衡。

3 / 花束直径外部 1/3 处的花材或叶材要朝外摆放，让其呈现自然的向外抛物线，以增加视觉的动感，若外围叶材过高，又朝内延伸，整束花束会让人有不开展的感觉。

5

向日葵小花束

配色

花　材

向日葵　5 朵

干燥花组合花

（花商称之为芝麻花）2 朵

金槌花　7 枝

银苞菊　适量

小米　12 枝

一叶兰　10 片

椰叶　适量

拉菲草　适量

step

步　骤

1. 将一叶兰由中央撕开，左右各打一个结固定（做法参考第 14 页），完成 10 枝备用。

2. 将加工好的一叶兰扎成一束，要呈现完整的圆形。

3. 先决定好两朵白色芝麻花的位置，再插入向日葵，务必注意颜色的分布与平衡。

4. 接着插入金槌花与银苞菊。银苞菊以小束为单位，插入花束中，避免四处插入，以免显得杂乱。

5. 在花束的中央处加入少许的小米，花束的外侧添加较多的小米，并让小米朝外延伸。

6. 在花束周围加上椰叶，以补足更多的线条，再用铁丝束紧，绑上拉菲草或缎带作装饰即完成。

point
制作重点

1/ 一叶兰需趁新鲜时加工塑形，叶片干燥后再弯折容易产生褶痕。

2/ 小米的长叶线条柔美，除非颜色暗沉或叶有破损，应尽量予以保留，可增加作品线条的活泼与丰富性。

3/ 向日葵花茎的含水量高，会增加干燥的时间，建议干燥前将不需要的长度剪除，并打开除湿机加速其干燥，可让干燥后的向日葵呈现较佳的花色。

6

斑克木花束

配色

花　　材

斑克木 3 枝	棕榈皮 5 枝	尤加利叶 适量	文竹 1 束
莲蓬 3 枝	小米 7~9 枝	金边草 1 小束	拉菲草 适量

s t e p
步　　骤

1. 将尤加利叶一枝一枝地整理好，并将预计手握处以下的叶材全部去除。斑克木花茎的余叶也一并整理干净，备用。

2. 将 3 枝斑克木以螺旋的方式扎成束后，加入莲蓬，制作视觉焦点。

3. 依想要的感觉加入适量的小米、尤加利叶与金边草。

4. 加入 5 枝棕榈皮，高度与角度可大胆地呈现，但要注意整体视觉的平衡。

5. 补充尤加利叶与金边草后，再加入适量的文竹作为修饰。

6. 手握处以铁丝或麻线扎绑固定后，再加上拉菲草装饰即完成。

point
制 作 重 点

1／ 此花束枝数不多，再加上花茎的粗细差异颇大且重量不平均，添加花材时要多留心整体的平衡。

2／ 每枝花茎皆要朝同一方向摆放，以呈现自然的螺旋状；添加花材时的角度倾斜大些，可完美地呈现自然蓬松的展开效果。

3／ 文竹干燥后容易因碰撞而掉落，建议使用新鲜文竹，操作上会方便许多。

7

架构式玫瑰花束

配 色   ◯

materials
花　材

玫瑰（2种）共10朵　　　胡椒果 适量　　　　　自然茎 适量

马蹄莲 2枝　　　　　　　满天星 适量　　　　　网状架构 1个

乒乓菊 7枝　　　　　　　墨西哥羽毛草 适量

松虫草 1~2把　　　　　海金沙 适量

step
步　骤

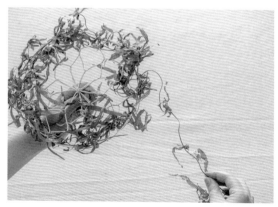

1. 将玫瑰、满天星与墨西哥羽毛草，加上自然茎延长长度，马蹄莲与胡椒果则需要先加一段铁丝再加自然茎（做法参考第12页）。

2. 制作网状架构一个（做法参考第15页），取适量海金沙，缠绕在网状架构的最外圈。

3. 先构思好花材与颜色的配置，再从中央处开始，将花材以螺旋手法加入。

4. 完成大致的圆形后，在一侧加入胡椒果，让其呈现自然的垂坠感，接着加入松虫草与墨西哥羽毛草，为整体添加更多的质感与动感。

5. 最后以铁丝捆绑束紧后，花茎缠绕适量的海金沙作为装饰即完成。

---
p o i n t
制 作 重 点

1/ 此花束除了海金沙之外，没有使用其他叶材作为缓冲，使用架构可让花与花之间不受挤压，呈现较佳的空间感。

2/ 此作品中的玫瑰与乒乓菊是以干燥砂来干燥，取出后要待其稍微回潮，再进行除砂与加工的处理，以免伤到花材。

3/ 此花束以自然茎呈现，大部分花材都是短茎花材，所以要使用干燥的花茎加工，以增加长度。其中马蹄莲与胡椒果，因为需要制作出自然的弧形，所以需先接一段铁丝之后再接自然茎。

第三章

邀请自然到我家

Potted Flowers

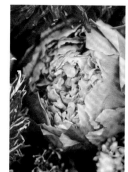

8

矮脚浅盘设计

配色

materials
花　材

牡丹菊 2 朵　　牡丹花苞 2 枝　　尤加利叶（3 种） 适量

菊花 3 朵　　　庭园玫瑰 5 朵　　松萝 适量

牡丹 1 朵　　　蕾丝花 1 束

step
步　骤

1. 花器正中间以热熔胶固定一块花泥，花泥高度约 3.5cm，并用切刀修掉花泥的四边。

2. 以 " 同一个生长点插入 " 的概念，插入柳叶形的尤加利叶，作为作品里最长的线条。

3. 继续插入长枝尤加利叶，长度较柳叶形尤加利叶短些，补足视觉分量。

4. 再将带花苞的尤加利叶，以短枝的形态插入花泥，增加中央的密度。

5. 将1朵牡丹、2朵牡丹菊插在主视觉区，并刻意压低处理。

6. 插入菊花与牡丹花苞，让侧面与后面添加红色与浅粉色。

7. 继续加入浅色的庭园玫瑰，让作品整体颜色更明亮干净，接着插入长长短短的蕾丝花，并让其自然弯垂。

8. 依需要添补尤加利叶，最后塞入松萝将花泥完全遮盖即完成。

point
制作重点

1/ 此作品"以同一个生长点插入"的概念来插作，但线条的走向并非整齐的放射状，而是局部刻意做出较长的线条延伸。

2/ 此作品运用了3种尤加利叶，每一种尤加利叶依其不同的特性，而有不同的表现方向。柳叶形的尤加利叶叶形优美，适合做轻柔线条的表现，但其分量稍嫌不足，以长枝尤加利叶来补足视觉分量，再以带花苞的尤加利叶，以短枝呈现增加中央密度。

3/ 花朵方向不一定全要插向正面，有些花可以侧仰或自然下俯，甚至垂在花器盆边，以呈现自然的植物样貌。

4/ 菊花的干燥时间相当长，需要1~2个月才能干燥完全，建议加开除湿机加速其干燥。

5/ 此作品里的菊花采用染色菊花，干燥后的颜色才会鲜明，若使用未染色的菊花，大多干燥后的颜色会有较大的变化，也较不讨喜。

配 色

9

烛台桌花

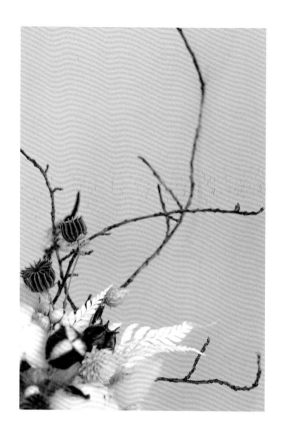

materials
花　材

棉花 2~3 朵

黑种草 5 枝

乌桕 适量

兔尾草 9 枝

满天星 适量

白千日红 适量

巴西快乐花 适量

磨盘草 适量

高山羊齿 适量

奇哥苔木 适量

绣球 适量

日本芒草 适量

蜡烛 1 根

step
步　骤

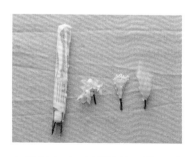

1. 蜡烛加上 4 根铁丝，使用胶带固定好。绣球、满天星与芒草，用花艺胶带缠绕束紧。

2. 花器内塞入花泥，高度约花器内九分满，将蜡烛插入正中央固定好。

3. 先构思好苔木的位置，再用热熔胶牢牢固定住。

4. 先确定焦点花棉花的位置，再加入黑种草，同时以高山羊齿补足部分视觉线条。

5. 接着加入乌桕与满天星，满天星压低处理，以遮盖部分花泥。

6. 继续加入千日红与巴西快乐花，需要深色的地方加入磨盘草，再插入兔尾草为作品添加些许活泼的线条。

7. 花器口的局部周围使用绣球修饰，最后用芒草将花泥完全遮盖即完成。

—— p o i n t ——
制 作 重 点

1/ 开始插作前，先仔细欣赏奇哥苔木的线条与造型，再构思其最佳的位置，为整体作品线条的走向定调。

2/ 此作品中，黑色的部分仅为奇哥苔木与磨盘草，要特别注意分布配置时的比例平衡。

3/ 黑种草的颜色与形状在此作品里，占视觉比例不小，使用的数量不要过多，也要特别注意分布及视觉的平衡。

10

冠军杯插花

materials
花　材

绣球（2种）适量　　　玫瑰（2种）各3朵　　　白头翁 1~2束

浅蓝飞燕草 适量　　　乒乓菊 3朵　　　　　　尤加利叶 适量

深蓝飞燕草 适量　　　松虫草 2束　　　　　　芒萁 适量

step
步　骤

1. 花器内塞入花泥，花泥高度约高出花器 2cm，并用切刀将花泥修出倒角（做法参考第 9 页）。绣球用花艺胶带捆绑束紧，备用。

2. 以"同一个生长点插入"的概念进行插作，先固定长枝飞燕草，再加入短枝飞燕草，注意深浅颜色的搭配。

3.插入尤加利叶，补足更多的长线条，再将绣球分成有大有小的三小束，低低地固定在花泥上。

4.将乒乓菊压低插入，可让两朵稍微堆叠在一起，再将主花玫瑰插入。

5.继续加入三朵红玫瑰，因颜色与乒乓菊接近，插入时要构思一下整体分布与平衡。

6.依序加入白头翁与松虫草，使其线条可自然地弯垂或上扬，再视需要添补适量的芒萁。最后，使用白色绣球将花泥完全遮盖即完成。

point

制 作 重 点

1 / 此作品中的玫瑰与乒乓菊是以干燥砂来进行干燥，但有些花朵因插作会露出部分花茎，建议找深一点的密封盒，并留长一点的花茎再进行埋砂的处理（做法参考第3页）。

2 / 飞燕草与白头翁虽可自然风干，但若想要干燥后呈现较佳的花色，建议开除湿机以加速干燥，干燥时间越短，保色的程度越高，干燥效果也就越好。

11

烛台花饰

配 色

粉色洋桔梗 2 朵　　　鸡冠花 3 朵　　　　　芒萁 适量

白色洋桔梗 7 朵　　　矢车菊 1~2 束　　　　青苔 适量

康乃馨 3~5 朵　　　　尤加利叶（2 种） 适量

s t e p
步　骤

1. 在烛台上固定一小块花泥，并切成接近圆形的形状。

2. 先插入尤加利叶枝条，将其拉长以表现长枝条的形态，再插入圆叶尤加利叶，填补空间，并让其自然弯垂，接着补上线条优美的芒萁。这三款叶材以短中长，做出高低层次，展现不同的线条美。

3. 将鸡冠花低低地固定在花泥上，使其有前有后、有高有低。

4. 将 2 朵主花粉色洋桔梗，紧靠在一起，以一高一低的方法，固定在视觉焦点区。

5. 插入矢车菊，让其线条自然地飞扬或弯垂，展现其律动美。

6. 接着依序插入康乃馨与白色洋桔梗，花泥露出处，以青苔填补即完成。

p o i n t
制 作 重 点

1/ 以"同一个生长点插入"的概念来插作，但并非是整齐的放射状线条，可以较自由地进行插作，但要注意整体的平衡。

2/ 鸡冠花的尺寸若过大，可以将部分剥除让尺寸缩小，因其在此作品里视觉比重较重，所以压低处理，同时有稳住重心的作用。

3/ 洋桔梗与康乃馨采用干燥砂干燥法，如果是天然风干，干燥后花朵会萎缩，颜色也会变得暗沉，无法有照片中的效果。作品中的黄色洋桔梗其实是白色洋桔梗干燥后的颜色，呈淡淡的鹅黄色，十分美丽耐看。

12

高花器设计

配色 ●●●●●●

materials
花　材

马蹄莲 5 朵　　　　　竹芋 1~2 片　　　　　　　树藤 适量

牡丹菊 3 朵　　　　　'火焰阳光'木百合 5 朵

绣球（2 种）适量　　火鹤 2 枝

step
步　骤

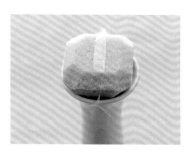

1. 花器内塞入花泥，花泥高度约高出花器2cm，并使用切刀将花泥修成多面体（做法参考第 9 页），再以胶带加强固定。

2. 绣球用花艺胶带缠绕束紧，马蹄莲用铁丝加长花茎（做法参考第 12 页）备用。

3. 先仔细观察藤枝的形态，再截取适合的区段弯折塑形后，插入花泥固定。

4. 观察马蹄莲与竹芋的线条姿态后，以对角线但非对称的方式插入花泥中。

5. 在视觉焦点区插入两朵牡丹菊，后侧方再插入另一朵牡丹菊。

6. 继续加入适量的'火焰阳光'木百合，再用绣球将花泥完全遮盖，但要避免插得太过紧实，以免显得拥挤。

7. 视需要补上树藤，为作品增添更丰富的线条。

8. 最后将两枝火鹤插入即完成。

p o i n t
制 作 重 点

1/ 采用新鲜藤枝直接塑形固定，若使用干燥藤枝，弯折时会断裂无法成功塑形。

2/ 火鹤的苞片干燥后，会萎缩且颜色暗沉，因此仅保留其柱状的肉穗花序。建议新鲜时就把火鹤的苞片直接剪除，再进行风干，若干燥后再剪除则容易折断。

3/ 马蹄莲以干燥砂干燥，取出时相当易碎，得非常小心，待其稍微回潮后，再进行除砂与加工的处理。

13

高脚烛杯设计

配 色

materials
花　材

玫瑰 5 朵

黑种草 7~9 枝

日本茵芋 1 把

千日红 适量

商陆 适量

绣球 适量

柠檬桉 适量

尤加利叶 适量

驯鹿苔 适量

s t e p
步　骤

1. 花器内塞入花泥，花泥高度约高出花器 2cm，并用切刀修出倒角（做法参考第 9 页）。

2. 以"同一个生长点插入"的概念，将商陆插入花泥中。商陆的线条表现可以稍微夸张一点，但要注意整体的平衡。

3. 接着使用柠檬桉打底，并为作品增加更多的优美线条。

4. 决定主花玫瑰的位置，以玫瑰的疏密配置来营造视觉焦点。

5. 继续加入黑种草、日本茵芋与千日红，再以短枝的尤加利叶填补花与花之间的空隙。

6. 在花器口与中央局部补上绣球，最后检查一下花泥，花泥裸露处用驯鹿苔填补。

---

p o i n t
制 作 重 点

1/ 商陆有着极佳的姿态与线条美，在此作品里作为主要的视觉线条，但若果穗太多太密集，会感觉尾端太过厚重，可以视需要将部分果穗剪除，以取得轻盈的视觉效果。

2/ 此作品中的日本茵芋是为整体增加暗色的元素，建议压低处理，可稳住重心，同时有遮挡花泥的作用。因其颜色较深，视觉比重较重，在此作品里若拉长，会让作品整体显得较为沉重、不够轻巧，同时其细碎的样貌与商陆交叠在一块，会让作品显得过于杂乱。

14

无花器桌花设计

配 色 ○

树皮 适量

酸浆 1 把

金槌花 7 枝

小米 10 枝

山归来 1 把

青苔 适量

乌桕 适量

step
步　骤

1. 取两三片树皮，依其自然的圆弧造型进行拼贴，做成可盛装花泥的花器。树皮与树皮间务必使用热熔胶牢牢固定住，以防松脱。

2. 切一片厚约 2.5cm，长度与宽度符合树皮花器的花泥固定在中间，花泥的两侧切斜，好让花泥与树皮的落差可以渐次缩小。

3. 花泥上均匀铺上一层薄薄的青苔，将铁丝弯成 U 形，插入花泥固定青苔。

4. 先仔细欣赏山归来的线条与方向，再截取适当的长度，斜插入花泥中。

5. 将酸浆截取有长有短的枝段，先插入长枝，再加入短枝，以有疏有密、稍微堆叠的方式，插好酸浆。

6. 继续加入乌桕与金槌花，因白色与黄色都很抢眼，以半隐半显的方式，插在酸浆间。

7. 最后加入小米，为作品加入跳动的线条，完成！

<u>p o i n t</u>
制 作 重 点

1 / 此作品并无作为主视觉的焦点花，而是以酸浆的疏密与乌桕、金槌花的颜色分布，来营造视觉焦点。

2 / 酸浆与山归来的线条走向，要与树皮花器融为一体，插作时要符合花器的走向来做延伸与设计，注意不要制作出突兀的线条。

第四章

挂起来吧！
让墙面多一种可能

Special Design

15

金合欢花环

配 色

materials
花　材

金合欢 1 把

铁线莲 1 把

兔尾草 适量

绣球 适量

尤加利叶 适量

藤圈 1 个

step
步　骤

1. 将绣球的分枝剪下，以花艺胶带束紧固定。金合欢为主花，搭配适量的尤加利叶与其他花材，扎成尺寸有大有小的小花束备用。

2. 取较大的小花束，朝外斜放在藤圈上，用 30# 或 28# 铁丝缠绕固定。

3. 将铁丝绕至藤圈背面拧紧，铁丝与藤圈间必须没有任何空隙才行，将多余的铁丝剪掉，并将凸出的铁丝压平。

4. 以方向朝外的小花束尺寸较大，方向朝内的小花束尺寸较小为原则，以"一外一内"的方式，将小花束依序固定至整个藤圈上 。

5. 结尾时，将第一个小花束微微翻开，最后一个小花束插入缝隙中固定。最后以麻线或铁丝作挂环（做法参考第 9 页）即完成。

<u>p o i n t</u>
制 作 重 点

1/ 建议选择硬度大且紧实的藤圈，比较容易制作。

2/ 花材要以顺时针的方向呈现，代表生生不息的含义。

3/ 因外径与内径尺寸的不同，所以在制作小花束时，外侧的小花束长度与分量都要多一些。
反之，内侧的小花束则少些。

4/ 每一个小花束的花茎不要过长，以免影响下一个小花束的固定。

5/ 扎绑时留意各个花材的配置，避免相同的花材落在同一侧。

16

绿意小花环

芒萁　约 30~40 片　　棉花　1 朵　　　　满天星　适量

一叶兰　5 片　　　　小芦苇　5 朵　　　　亚麻子　适量

椰叶　15~20 片　　　迷你莲蓬　3 颗　　藤圈　1 个

翠扇　1 小束　　　　黑加仑　7 颗

s t e p
步　骤

1. 一叶兰撕成长条，在中间处卷圈用订书机固定，约 5~6 个用花艺胶带固定在一起，制作约 5~6 个小束（做法参考第 14 页）。另将满天星也扎 5~6 个小束备用。

2. 以顺时针方向，将芒萁朝外、中及内侧，倾斜插入固定至藤圈上。芒萁与芒萁间，不要插得太过紧密，要留有适当空隙，以便后续添加花材。

3. 将棉花固定在藤圈上，再将一叶兰小束配置在合适位置，以增加整体绿色的层次与线条的活泼性。

4. 接着加入小芦苇、莲蓬与黑加仑，配置的同时要注意整体的视觉平衡。

5. 在需要增加白色的地方加入满天星，局部再以翠扇装饰。

6. 最后加上亚麻子与椰叶做最后修饰，再绑上铁丝或麻线作为挂环（做法参考第9页），即完成。

p o i n t
制 作 重 点

1/ 藤圈不需刻意缠得太过紧实，留一点细缝，可让花材更容易固定。

2/ 叶材或线条较长的花材，统一以顺时针方向固定。

3/ 以小芦苇为例，同一种花材不要固定在同一个平面高度上，微微地有高有低，可增加整体的活泼性。

4/ 尺寸较大或视觉比例较抢眼的花材，如棉花，要避免固定在藤圈的外侧，花朵方向可以微微朝内，视觉上比较有安定感。

17 古典花环

配 色

玫瑰 1 朵　　　　　风铃草 5 枝　　　　　尤加利叶 适量

木兰果 2 颗　　　　日本茵芋 适量　　　　云龙柳 适量

绣球（2种）适量　　葛郁金 5 枝　　　　　新鲜藤枝 1 束

长春花 5 枝　　　　柠檬桉 适量

step
步　骤

1. 取两三条中粗藤枝相互缠绕成圈，
不要缠得过于紧实，以保留它自然的
线条动态（做法参考第 8 页）。

2. 先构思好整体弯月形的位置与范围，从尾端两侧开始，将柠檬桉往中心方向斜插固定。柠檬桉之间要避免插得太过紧密，以预留后续花材固定的空间，整体弯月形完成后，就可以进行下一个阶段的制作。

3. 在中段加入玫瑰与木兰果，制作整体的视觉焦点区。依序加入葛郁金、日本茵芋、长春花、风铃草与尤加利叶等花材，接着再以绣球填补空隙与增加色彩丰富性。

4. 整体大致完成后，依想要的感觉加入长长短短的云龙柳，增加作品整体的线条感与流动感，最后绑上挂环即完成。

---

point
制作重点

1/ 此作品设计有较多留白处，可将藤枝本身姿态尽情表现出来，但预计要插制花材的藤枝部分，不建议有太大的高低起伏，在后续操作上会比较容易些。

2/ 距离中心处越远，花材长度越长，插入的角度也越倾斜。反之，越接近中心处，花材的长度越短，插入的角度也越直挺。

3/ 添加花材时，建议以"一次处理一种花材"为原则，才可以更清楚地构思颜色与质感的分布。

18

春天倒挂花束

配色

materials
花　材

绣球（2种）适量　　蕾丝花 1束　　柠檬桉 适量

飞燕草 5枝　　　　小米 5枝　　　尤加利叶 适量

松虫草 2束　　　　金边草 1小束

白头翁 1束　　　　情人草 适量

s t e p
步　骤

1. 将数枝飞燕草扎成束，并适量地去除部分花朵，以免过于拥挤。

2. 取适量的尤加利叶、柠檬桉、情人草与飞燕草扎成一束，作为花束的基底。

3. 在中间微偏右处加入小米，在中间微偏左处加入松虫草。加入花材时，不时穿插金边草，金边草的长度不限制，可以突出所有的花材。

4. 添加花材的同时，要继续添加叶材或情人草，并依循每一层的长度逐渐递减的原则来制作。

5. 在基处加入适量的蕾丝花与白头翁，再以绣球收尾。

6. 以铁丝扎绑固定并制作挂环后，将花束尾端剪齐，最后绑上蝴蝶结装饰即完成。

___ p o i n t ___
制 作 重 点

1 / 制作时，由最长端开始，以长度逐层递减的原则，一层一层地将花材添加上去。

2 / 花材配置要避免太过整齐一致，可以部分偏左、部分偏右，让作品有更丰富的表现。

3 / 越接近花束的顶端要越轻巧，越接近手握处花材的使用量要越多且越密集。

吊饰花环

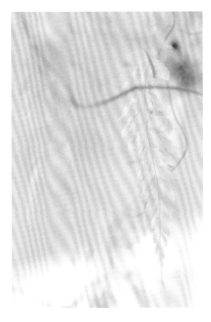

配色

materials
花　材

海金沙 1 把

高山羊齿 2 枝

澳洲米花 适量

银扇草 适量

磨盘草 适量

千日红 适量

雪柳 适量

纸蝴蝶 7 只

藤圈 1 个

step
步　骤

1. 制作大大小小的纸蝴蝶数只，备用。将厚纸板的正反两侧粘上旧小说书页，干燥后将纸板剪出 7 个大小不同的蝴蝶形状，在中心轻划上一刀后稍微对折，边缘再以火微烤一下制造出年代感。

2. 备好一个直径约 20cm 的藤圈，将铁链挂环固定上去，若手边没有铁链挂环亦可使用麻线或铁丝替代。

3. 在藤圈上先缠绕一圈的海金沙，再垂直固定数根有长有短的海金沙，制作出大致的尺寸与形状。铁链挂环上也可局部缠绕海金沙，让整体感觉更一致。

4. 将高山羊齿的羽裂复叶一片片取下，固定在藤圈或海金沙上，方向可稍微有些变化，以避免太过整齐。

5. 依序加入千日红、银扇草、澳洲米花与磨盘草。除了千日红之外，其他的花材长度都不要超过整体长度的1/3。

6. 接着，加入适量的雪柳，要注意上方的雪柳不要过长，下方的雪柳可以长一些，所有的雪柳皆是以朝下而非朝外的方向延伸。

7. 最后把纸蝴蝶固定上去即完成，亦可在花环中央，悬挂一盏吊灯，即可变成实用又美丽的吊灯装饰。

point
制 作 重 点

1 / 制作垂坠感的花环吊饰，选择视觉轻巧、质地轻柔的花材较为合适。

2 / 整体的花材方向，以垂直向下为主，且固定在藤圈的外侧，以营造自然的垂坠感，若固定在内侧，整体线条则会有向内倾斜的不自然感。

3 / 依藤圈的尺寸大小，来决定长线条的数量，基本上最长的线条与次长的线条，长度上要有一定的差距，若长度差不多，则成品看起来会像呆板的圆柱状。

20

水平挂饰

配 色 ○ ◐ ◑ ◕ ●

materials
花　材

尤加利叶（2 种） 适量　　金槌花 3 枝　　高山羊齿 适量

斑克木叶 适量　　　　　兔尾草 5 枝　　椰叶 适量

绣球 适量　　　　　　　芒草 适量　　　缎带

s t e p
步　骤

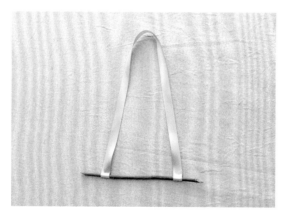

1. 取一根长度约 22cm 平直的干燥花茎或细树枝，用热熔胶将缎带固定上去，备用。

2. 将尤加利叶与斑克木叶的尾端如图修剪（做法参考第 13 页），并加入芒草、椰叶、兔尾草或高山羊齿，制作各种小花束。

3. 取两束尾端较细长优美的当做末端，将小花束固定在树枝的两侧，并以铁丝捆绑两处，以避免转动。

4. 从两侧末端开始，以一左一右的方式，将小花束扎绑上去，直到两者交界处。但要注意每一个小花束的花茎不要过长，以免影响下一个小花束的固定。

5. 交界处用热熔胶粘上绣球，接着以斜插的方式加入金槌花，同时检视整体平衡。

6. 最后在下方加上蝴蝶结作为装饰即完成。

------

point
制 作 重 点

1/ 此作品的花材以扎绑为主，少部分如绣球与金槌花则用热熔胶固定，因金槌花的茎部较直硬，若直接与其他叶材扎绑在一起，较难表现立体的层次。

2/ 花材在扎束时，除了末端两侧之外，其他小花束要制作成朝左或朝右的走向，这样叶材线条才会朝左右两侧自然地伸展。

3/ 扎绑时要留意各个花材的配置，以免发生相同的花材落在同一侧的情形。

第五章

冬日的绿色森林

Green Christmas Style

诺贝松森林圣诞花环

21

配色 ⬤⬤◯⬤⬤⬤

花　材

诺贝松 2~3 大枝　　　　苔枝 适量　　　　　　　黑加仑 适量

尤加利叶 适量　　　　　星花酒瓶树果荚 10~12 个　藤圈（直径20cm）1 个

柠檬桉 适量　　　　　　魔盘草 13~15 颗　　　　铝线或铜线 1 捆

苔藤 1~2 条　　　　　　尤加利果 适量

s t e p
步　骤

1. 将诺贝松一段段剪下，柠檬桉与尤加利叶整理成适当的长度备用。

2. 以交叉缠绕的方式，将铝线的一端固定在藤圈左侧处。铝线务必要扎紧，以免滑移或松动。

3. 取一枝诺贝松斜放在藤圈外侧，铝线绕过诺贝松两圈后拉紧。藤圈的外、中与内侧视需要依次添加适当长度的诺贝松。

4. 一边适量添加柠檬桉与尤加利叶，以增加花环整体绿色的层次与丰富度。

5. 整圈扎满后翻至背面，剪断铝线时预留一小段进行固定。将预留的铝线重复缠绕数圈固定后，剪除多余的铝线。

6. 取适当长度的苔藤，装饰在圈上。注意不要让苔藤太过于突出于底圈，以免使圈变形。

7. 苔藤的固定方式是紧靠着藤圈的外侧或内侧以铁丝扎绑固定，可视需要辅以热熔胶加强固定。

8. 以顺时针方式加入苔枝。苔枝可依设计突出于底圈，但不要破坏整体的形状。

9. 顺着松叶的方向，一左一右地加入星花酒瓶树果荚、尤加利果、黑加仑与磨盘草作为装饰。最后，加上挂环即完成。

point
制 作 重 点

1/ 叶材方向需以顺时针呈现，寓意生生不息之永恒。

2/ 诺贝松扎绑的方式，以外、中、内为一基层将藤圈遮盖住，再继续加入下一层的外、中、内之叶材。

3/ 每一层的叶材要与上一层有一些距离，间距若过密，甚至太过重叠，叶材会显得太过拥挤，反之，若间距过于疏松，则无法制作出丰满的效果。

4/ 固定叶材时，除了尽量拉紧之外，可用铝线固定在针叶间与尤加利叶的分枝处，避免叶材干燥后尺寸缩小而松落。

诺贝松倒挂花束灯饰

配色

materials
花　材

诺贝松 2 大枝

扁柏 适量

尤加利叶 适量

苔枝 适量

松果 5 个

鱼鳞云杉果 5 个

缎带 适量

LED 灯串 1 串

step
步　骤

1. 将诺贝松的分枝剪下，并将预计为手握处以下的所有针叶去除。扁柏与尤加利叶也整理好长度，去除多余叶片，备用。

2. 松果与鱼鳞云杉果以 22# 铁丝加工延长长度（做法参考第 11 页），并将苔枝整理成适当尺寸，备用。

3. 取一枝尾端稍尖的诺贝松作为基底，在诺贝松的底部加入扁柏，以填补针叶间的空隙。于上方加上一枝苔枝。

4. 以交错的方式，继续加入诺贝松、扁柏、尤加利叶与苔枝，长度逐渐递减。

5. 在基部正面补上一枝饱满的诺贝松，并在手握处的两侧加入较短的叶材作为修饰。

6. 以铁丝扎绑固定并制作挂环。由于整体的重量较重，建议采用22# 以上的铁丝来制作挂环较为理想。

7. 将松果与鱼鳞云杉果配置在花束上。以铁丝缠绕松枝的方式固定，并利用上一层的叶材遮盖住铁丝。

8. 最后，将花束尾端剪齐，绕上LED 灯并装上缎带即完成。

point
制作重点

1/ 制作时由最长端开始，以逐次减少长度的方式，一层一层将花材添加上去。

2/ 苔枝可以突出于诺贝松，但仍须依循长度逐层递减的原则。

3/ 松果穿插在松叶之间，半隐在以层层的松叶之下，并非全部固定在松叶的最上层。

温馨圣诞烛台

23

配色

materials
花　材

诺贝松 适量　　　　文竹 适量　　　　核桃果 2 颗

尤加利叶 适量　　　山归来 1 枝　　　松果 3 颗

扁柏 1 小束　　　　'珍珠阳光'木百合 10 颗　橙片 5 片

冬青叶 5~7 片　　　胡椒果 适量

s t e p
步　骤

1. 取一根 20# 铁丝，一端弯成圆环，并以花艺胶带固定，备用。

2. 取一小段铁丝蘸取微量的热熔胶，插入核桃开口处固定。松果与橙片绑上铁丝，制作出花茎（做法参考第 11 页）。

3. 将花材扎成小束，铁丝缠绕固定后再包裹花艺胶带。

4. 备好有长有短的小花束约16~20束。

5. 用花艺胶带将一束小花束固定在铁丝上,花束要将圆环完整遮盖起来。

6. 接着以一左一右的方式将小花束固定到铁丝上,每一小束皆需盖住前一小束的花茎。较长的小花束需放在铁丝外侧的位置,以呈现垂坠的效果。

7. 一边固定小花束,一边可试着将铁丝弯成环形,检视小花束的间距是否需要调整。

8. 制作出需要的长度之后,将最后一个小花束的尾端穿过圆环固定即完成。

p o i n t
制 作 重 点

1/ 小花束与小花束的间距并非等距,而是依照需求进行调整。一边加入小花束,一边将铁丝弯成环形,检视小花束的间距是否恰当。

2/ 组合每一个小花束时,要一并思考花材的颜色配置,避免发生相同的花材或花色集中于一侧。

3/ 小花束的实际数量,会依小花束扎绑的长短、厚度与烛台面的直径大小而有所不同。此示范作品中的烛台直径为 9cm,约需制作 18 个小花束。

24

圣诞手绑花束

配色

<u>materials</u>
花　材

诺贝松 约 20 小枝

银桦叶 约 8~10 片

尤加利叶 适量

莲蓬 1 枝

棉花 3 枝

'陀螺阳光'木百合 5 枝

松果 5 颗

乌桕 适量

'珍珠阳光'木百合 适量

黑加仑 适量

苔枝 适量

<u>step</u>
步　骤

1. 将诺贝松一段一段剪下，预留手握需要的长度之后，将手握点以下的针叶去除。尤加利叶也整理好适当的长度，备用。

2. 松果缠绕铁丝之后，取一自然茎与铁丝对齐，再用花艺胶带包裹固定（做法参考第 11 页）。

3. 所有花材一枝一枝整理好，并将多余的叶材去除，视长度需求接上自然茎（做法参考第 12 页）。

4. 取1枝莲蓬与3枝短枝诺贝松，以螺旋的方式扎成束，制作花束的中心。

5. 加入棉花、松果，同时做出高低层次，再添加适量的尤加利叶与诺贝松，制作圆形花束的中央部分。

6. 一边转动花束，一边均匀地逐一添加其他花材。在各种花材之间添补适量的叶材作为缓冲。

7. 加入苔枝与长枝乌桕时，要注意视觉的平衡，避免某一侧有过多与过长的线条而失衡。

8. 在花束的外围，以长长短短的诺贝松与尤加利叶进行最后修饰，让花束的整体外形呈现自然松散状，而非整齐的圆形花束。

9. 手握处以铁丝或麻线扎绑固定，再加上缎带装饰即完成。

---

point
制 作 重 点

1/ 以拇指、食指和虎口位置来固定花茎，其他指头仅作为辅助。如果以整只手紧握花茎，所有花材会挤压在一起，无法开展。

2/ 每一枝花茎皆要朝着同一方向斜向叠放，以呈现自然的螺旋状，如此一来，即使枝数不多也能有自然蓬松的展开效果。

3/ 添加花材时，从花束的中心朝外，均匀地加入花材，并确认花束的重心握于手掌的正中央。